KUWEI

酷威文化

图书 影视

心理学的

100

个基本

陈琳 著

四川文艺出版社

图书在版编目（CIP）数据

心理学的 100 个基本 / 陈琳著 . -- 成都：四川文艺
出版社，2023.9（2024.11 重印）

ISBN 978-7-5411-6738-6

Ⅰ . ①心… Ⅱ . ①陈… Ⅲ . ①心理学 - 通俗读物
Ⅳ . ① B84-49

中国国家版本馆 CIP 数据核字 (2023) 第 147010 号

XINLIXUE DE 100 GE JIBEN

心理学的100个基本

陈琳 著

出 品 人	冯 静
出版统筹	刘运东
特约监制	王兰颖　李瑞玲
责任编辑	金炀淏　范菱薇
选题策划	张贺年
特约编辑	张贺年　陈思宇
营销统筹	桑睿雪　田厚今
封面设计	泰锋设计
责任校对	段 敏

出版发行　四川文艺出版社（成都市锦江区三色路238号）
网　　址　www.scwys.com
电　　话　010-85526620

印　　刷　大厂回族自治县德诚印务有限公司
成品尺寸　110mm×180mm　　　开　本　32开
印　　张　9.5　　　　　　　　字　数　130千字
版　　次　2023年9月第一版　　印　次　2024年11月第二次印刷
书　　号　ISBN 978-7-5411-6738-6
定　　价　49.00元

001

潜意识

指引我们人生的内在程序

你是不是偶尔会发无名火？情绪莫名其妙地倾泻而出，自己却无法控制，甚至毫无察觉？这就是你的潜意识在操控你的行为。

弗洛伊德提出了著名的冰山理论，把人的意识分为3个层次，意识、前意识、潜意识。意识、前意识就是冰山露出水面的部分，而潜意识像隐藏在水下的冰山一样，占据了心灵超过95%的部分！心理学家荣格（Carl Gustav. Jung）说："如果潜意识的东西不能转化为意识，它就会变成我们的命运，指引我们的人生。"

所以，当你发无名火时，可以试着回忆一下，自己过去是否有过同样的经历？或者作为旁观者窥探过这样的故事？正是这些经历，构成了你的潜意识，指引着你的情绪。你能做的，是一次又一次让自己冷静并觉察，直到形成新的意识习惯，把潜意识转化为冰山之上的意识，开启自己新的正向人生。

002

刺猬效应

距离产生美

有一则寓言讲，在寒冷的冬天里，两只刺猬要相依取暖，一开始由于距离太近，各自的刺将对方刺得鲜血淋漓，后来它们调整了姿势，相互之间拉开了距离，不但能够取暖，而且还很好地保护了对方。

教育心理学家由此总结出了"刺猬效应"，强调人际交往中"心理距离"的重要性。在生活中，教育者与受教者只有在日常相处中保持适当的距离，才能取得良好的教育效果，距离太近或太远，效果都不好。同样，领导者应该与下属保持"亲密有间"的良好合作关系，与下属保持心理距离，既可以获得下属的尊重，又能保证在工作中不丧失原则。

做到"疏者密之，密者疏之"才是一个优秀的教育者和管理者的成功之道。

003

黑羊效应

每个人的心里都住着一个恶魔

你被孤立过吗?

2021 年《中国教育学刊》关于校园霸凌的调查显示，我国 10—14 岁学生遭受欺凌的比例高达 15 ％。这些欺凌通常以群体欺负个人的形式出现，是典型的黑羊效应。遭受霸凌的孩子就是那只无助的黑羊，什么都不做也会无辜遭受周围人的攻击；大部分攻击者甚至不知道为什么要攻击别人，只是盲目地跟随。当然还有旁观者，他们是冷漠的白羊，目睹了整个过程却闭口不言。

这种被群体孤立或攻击的现象不仅出现在校园，职场、家庭、社群、网络中几乎都能看到这样的现象，每个人的心里似乎都藏着一个恶魔。如果你不幸成了那只黑羊，一定要主动寻求身边亲友的帮助。即使是独自面对霸凌，也要勇敢表达个人立场，并保护自己。如果情况可控，可以试着把心思放在更重要的事情上，不要过分在意外界的评价；但如果严重影响了身心，那就果断远离这个负能量的环境。

004

拖延行为

你的拖延症并不是因为懒

你有拖延症吗？有人说，拖延症堪称当代生活的"绝症"。拖延症患者会感到极度焦虑，时间越少，焦虑感越强。据调查显示，95%的人都有过拖延行为。拖延并不是因为"懒"，最深层的原因是"恐惧"。有人恐惧失败，通过拖延，暂时逃避自己预想的失败；有人恐惧孤独，通过拖延，获得即时的愉悦；有人恐惧控制，通过拖延，暗暗反抗被控制的无力感。总而言之，拖延就是一种应对恐惧的防护机制。

　　那么我们就拿拖延无能为力了吗？当然不是。当拖延出现时，首先，我们可以冷静地观察自己的情绪，看看内心究竟在害怕什么。找到自己的恐惧点，然后对症下药，采取新的行动，而不是回到那个越恐惧越拖延的恶性循环中。最后，学着从"完美主义心态"调整为"成长心态"，不求事事都完美，但求事事有回应。

005

PUA

你被精神操控了吗？

PUA 全称"Pick-Up Artist"，原本是指搭讪的艺术，后演变成了一种情感操纵术。其核心是通过打压对方来确定自己的优势地位，从而进行精神控制。

在两性、亲子、师生、职场等日常关系中，处于不平等的状态，就有存在 PUA 现象的可能。职业 PUA 和习惯性 PUA 的人总是善于伪装，吸引你的关注，进入和支配你的生活。当你彻底投入这段关系后，他又开始孤立、贬低，甚至虐待你，以巩固自己的优势地位。你能感受到的是自己的身体和意志正被一点点摧毁。

实际上，无论何种关系都应该建立在平等的基础上，父母无权 PUA 子女，领导无权 PUA 员工，他人更无权 PUA 你。我们要敢于拒绝不平等的关系，先爱自己，才有能力爱他人。

对抗 PUA 伤害的方法有三点：一是保持自我，在任何关系中，做自己是重要的根基；二是保持理智，PUA 和真正的爱有本质的区别，尊重不适的内心感受，理性做出独立客观判断；三、担起责任，拿回选择权，为自己的选择负责，学会成长，你永远有做选择的权利。

006

登门槛效应

一个让对方难以拒绝你的套路

你一定发现过，在逛街的时候，商场总是搞免费试吃、试用、试玩的活动，而你也在这些免费活动中莫名其妙地花了更多的钱！因为我们总是乐于接受"免费体验"这样的小邀请，在体验之后，我们就不知不觉甚至不得不接受花钱买东西的大要求。

人一旦接受了一个微不足道的请求，为了保持形象的一致，就可能慢慢接受越来越大的要求，就像登门槛一样，一步接一步，不知不觉就走向了高处，这就是"登门槛效应"。

如果你对别人有事相求，倒不妨试试这个"得寸进尺"的办法！

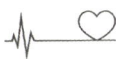

007

空船理论

有了它,

人生 90% 的问题都会迎刃而解

《庄子·山木》中讲过一个故事：一个人在乘船时，发现一只船突然迎面撞了上来，马上喊了几声对面却无人回应，于是他开始破口大骂，结果发现撞上来的竟是一只空船，刚才还怒火冲天的人一下子火气全消了。

他真的是因为撞船这件事而生气吗？还是因为有个乱开船的人？多数情况下，人的情绪并不取决于他受的伤害，更多的是愤怒于"竟然有这样的人"！某人不回应你的发言，你会怀疑是不是被他故意轻慢？有人对你宣泄情绪，你会心生怒意搞得自己气急败坏。

何不尝试把对方看成"一只空船"呢？我们的情绪不该被不可控的"空船"掌控，不是吗？

人生中 10% 的问题由发生在你身上的事情组成，另外的 90% 是由你对所发生事情的反应决定的。当我们调整心态，就拥有了自己情绪的主动掌控权，不再被外因影响。一旦我们用空船心态去面对生活，保持情绪的稳定，人生就少了很多纷争，90% 的问题也都会迎刃而解了。

008

酸葡萄效应

"酸"的背后是自我价值保护

"吃不到葡萄就说葡萄酸"这大概是每个人都听过的说法。有人成绩好，会被说是书呆子；有人相貌好，会被质疑金玉其外；有人升职加薪，会被人背后指指点点。总有人见不得他人好，生活中的酸葡萄效应几乎随处可见。不知不觉中，你会成为别人眼里的"酸葡萄"，也可能不经意就酸了别人。

　　其实，酸葡萄效应的背后是人在无法达成既定目标时，内在启用的一套合理化心理防御机制——通过贬损对方的价值来达到自我价值保护的目的。只有保护了自己的价值，内心才能获得平衡和舒适，这是人的一种习惯和本能。

　　既然如此，我们又何必在意他人的评判？不要在意别人的酸言酸语，也不要浪费时间去酸别人，只要做好自己，在自己热爱的事上一路高歌猛进吧！

009

鸟笼效应

巧用配套思维，让生活越过越好

如果一个精致的美女买了一顶物美价廉的帽子，接下来她会做什么？

毫无疑问，她会买衣服、包包、耳环、高跟鞋来搭配这顶物美价廉的帽子。

为了朋友送的精美鸟笼不空着，从未养过鸟的人破天荒地去买了只鸟回来养。这就是鸟笼效应。

人总是习惯性地被这种配套思维支配，比如，为了"双11"的满减券大手笔地凑单购物，为了看中的一只空花瓶买一束花。"花点时间"这个品牌在一开始的营销策略上就利用了鸟笼效应，取得了巨大的成功。它给每个首次下单买花的用户都送了一个精致的花瓶，当鲜花枯萎后，为了不让这个花瓶空着，人们会再一次买花，从而大幅提升了鲜花的复购率。

鸟笼效应如果使用不当，自然会造成金钱、时间、人力上的浪费，但如果学会巧用鸟笼效应，就会收获意想不到的成功。比如，不妨试着今天睡前把书放在床头，也许你就有了打开看几眼的冲动。

010

MBTI 人格

心理学延伸而来的社交"新姿势"

你知道奥运冠军谷爱凌是 INTJ 人格类型吗？你知道什么是 MBTI 人格类型吗？

MBTI 全称是迈尔斯 – 布里格斯类型指标（Myers-Briggs Type Indicator），是由美国心理学家伊莎贝尔·布里格斯·迈尔斯（Isabel Briggs Myers）和她的母亲凯瑟琳·库克·布里格斯（Katharine Cook Briggs）共同制订的一种人格类型理论模型，近些年借助互联网热潮成了年轻人社交的新流行趋势。

它的原理来自心理学家荣格的《心理类型》，把人格按照能量来源（E/I）、认知世界的方式（S/N）、判断问题的方式（T/F）、生活方式（J/P）四大维度分成了 16 种类型。它能在我们的职业规划和社交生活中起到帮助作用。但如果过度依赖，也会让我们对人格类型形成刻板印象，比如 INTJ 型人人都是强者、ISFP 型只能当艺术家等。

人是随着发展不断变化的，人格也有改变的时候，测试显示的是当下阶段性的结果。巧用工具的同时，千万别沦为工具的奴隶。人有千面，物有万象，潜流之下，方是人生。

011

路径依赖

选择比努力更重要

你知道美国航天飞机火箭推进器的宽度，竟然取决于两匹马的屁股宽度吗？！

因为火箭推进器需要用铁路运输，宽度必须符合铁路的轨道限度，而现代铁路是由电车修建师设计的，电车沿用了马车的轮距标准，马车轮距又参考了古罗马军队战车的宽度，而战车的轮距正是牵引一辆战车的两匹马屁股的宽度！

这就是路径依赖，一旦做了某种最初选择，就好比走上了一条不归路，惯性的力量使这一选择不断自我强化。比如，一开始你用右手写字，自然就成了右撇子；柯达习惯了胶片市场的垄断地位，就选择了对数码技术视而不见。从个人发展的角度看，每个人都有自己的思维路径，这种路径很大程度上决定了我们以后的人生道路。想要打破已有的思维路径实现人生反转，难度无异于断臂求生。

所以，不妨从现在开始，摆脱固有的思维路径，慎重做决定。有时候选择比努力更重要。

012

冷暴力

请停止你的精神施暴！

能让一颗心冷到冰点的从来不是激烈的争吵，而是长久的沉默！

你以为不沟通只是想冷静？你以为敷衍只是还没想好怎么回答？实际上，长期的不明确、不回应、不作为就是冷暴力！冷暴力在心理学上被称为"精神虐待"，是一种具有累积性、持续性的隐形攻击方式。在亲密关系中，冷暴力的一方完全凌驾于另一方之上，他看似沉默不语，却是用回避的方式冷眼旁观。他无视对方的焦虑、苦闷和自我怀疑，击溃了对方对爱的期待与希望，让亲密关系承受致命打击。

试图通过冷暴力解决问题是愚昧的。如果你不幸遭受冷暴力伤害，那么你可以：

1. 不去争辩对错。

2. 承认自己正遭受虐待。

3. 找到支援者。

4. 调整应对方式。

5. 考虑远离这段关系或状态。

013

情感勒索

以"爱"为名的心理操纵

"我这么做都是为了你好啊！""你为什么总是那么不听话？"这样的言论是不是听起来很熟悉？听到这句话时，你是不是充满内疚？别怀疑，这就是情感勒索。

情感勒索的一方通过示弱、威胁、施压等手段唤起对方内心的恐惧和愧疚，让对方一次次地满足他的需求，甚至让对方认为，满足他的需求是毋庸置疑的责任。在一次次的责任感强化中，渐渐地失去了生而为人最重要的东西——自我。你不得不在难得空闲的周末报个补习班，不得不在18岁考上一个相对不错的大学，不得不在充满理想和抱负的年纪结婚生子、买车买房……因为这都是你的责任。

可你的人生，是由你自己亲手建造和一天一天活出来的。不妨停下来，观察自己的真实感受，理性分析自己想要的和别人想要的生活，学会聪明地婉拒那个曾经以爱为名的心理操纵！

014

假性恋爱

你可能谈了一场假恋爱

"TA 从来不愿意跟我沟通，我也不知道TA 心里在想什么……"

"我很渴望和 TA 深入交流，可是我们中间就像有一堵墙。"

你会有这样的困扰吗？

明明是恋人，却像最熟悉的陌生人，这样貌合神离的关系，其实就是假性恋爱。假性恋爱中的两人都是恋爱关系的奴隶，他们像是角色扮演者般维持着一段空洞的爱情，徒有其表的爱情里他们看起来在和对方交往，但不过只是例行公事。他们不主动、不拒绝，也不负责，没有真诚和心动，感受不到幸福和满足。这个过程其实是在浪费你的时间和精力，没有真实的情感互动，只有虚假的情绪反馈和一成不变的套路，你也无法收获任何成长，如同被偷走了一段生命。

假性恋爱的状态如果放任不管，最终，也逃不开分手的结局。如果还想一起走下去，不妨尝试着把自己的内心打开吧。勇敢一些去拥抱对方，大胆表达自己的情绪。不要让感情成了一潭死水，自己成了靠不了岸的浮萍。

015

PTSD

创伤后应激障碍

你曾有内心受伤的经历吗？在那之后，对周遭的世界甚至曾经热爱的事物都提不起兴趣，感觉和家人朋友渐行渐远，感觉自己停留在了最痛苦的时刻，难以入睡，脑内反复闪回当时痛苦的画面？

PTSD全称是创伤后应激障碍（Post-traumatic stress disorder），任何人经历巨大创伤性事件（如自然灾害、严重事故、战争、家暴，甚至是女性生产等）后都有可能引发PTSD，这种症状通常持续数月甚至数年，干扰着日常的家庭和社交生活。PTSD患者通常有下列症状表现：

1. 高度警觉，敏感，焦虑。

2. 频繁噩梦、闪回画面、强迫性重复回忆。

3. 回避，甚至麻木。

4. 产生负向的情绪和认知，如抑郁、自伤、攻击等。

如果你有PTSD，试着站在太阳下，环视周遭，你会发现再耀眼的太阳也会有照不到的漆黑阴影。创伤如同阴影，我们不要因为阴影而拒绝光明和温暖。

016

内在小孩

我不会把你丢在童年

你明明已经是大人模样，为什么有时候还会无理取闹，像个孩子？

因为每个人的潜意识里，都留存着过去童年时期那些没有得到释放的情绪，每个大人的内心都可能藏着一个会感到脆弱无助，需要被关爱的小孩。就算我们已经成年，我们内在小孩的渴望，可能还留在过去。它是我们受伤童年的心理映射，时不时会从我们的身体里冒出来，影响我们的情绪、生活和成长。

如果你想要真正变得成熟，就不要把内在小孩丢在童年。正视曾经未被满足的内在需求，清理创伤留下的记忆，疗愈自己的内在小孩，与内在小孩进行一次对话，告诉它：谢谢你！对不起！请原谅！我爱你！

017

反刍思维

学会控制自己的胡思乱想

你会不会这样？一个人安静的时候，会不断想起以前最痛苦最尴尬的回忆，无法阻止，也无法中断，偶然的失败就像挥之不去的阴影，脑子里总是重复着悲伤和自责。

这就是反刍，指的是人们过度地、反复地重温过往的负面经历和感受。反刍思维是一种严重的情绪内耗。它会不分场合、不分时间突然闯入你的脑海，反复播放着你曾经痛苦、失败的记忆场景。它让你沉湎于过去痛苦的情绪之中，无法控制自己，也无法解决问题，甚至影响到你的精神健康。研究表明，习惯性反刍的人更容易患抑郁症。

那么，怎么打破反刍思维的负面循环呢？我们需要关注当下！与其去想为什么过去会出现这种失败，不妨多问问自己当下是什么感受？去打个球，看个画展，接受新鲜事物，刺激大脑产生多巴胺，获得新的快乐。不要沉溺于情绪而失去了行动的力量。

018

可爱侵犯

你为什么会忍不住捏小婴儿的脸？

你看到小婴儿的脸蛋会忍不住想捏两下吗？看到可爱的猫咪，会控制不住地想挼（ruá）它？有人一度怀疑自己这种下意识的"虐待冲动"是不是心理变态，可实际上，这种行为在心理学中是被研究过的，也称为"可爱侵犯"，是大脑对可爱事物的过度反应。

当人们看到高额头、大脑袋、胖圆脸、大眼睛、小鼻子、小嘴巴这样组合起来的可爱的婴儿模样时，大脑中负责快乐和成瘾作用的奖赏中枢——伏隔核就会被激活，大脑就会产生强烈的积极体验。然而，大脑并不确定这么可爱的东西到底是不是隐藏着危险，为了避免出现极端兴奋情绪，大脑的防御机制会产生相反的负面情绪指令来帮助大脑平衡激素，从而实现自我保护。

所以别自我怀疑了，当你控制不住想对小可爱下手时，只不过是大脑想要保护你！

019

煤气灯效应

未经你的同意,

没有人能使你卑微

"你的衣品真的很差！""你的能力真的不行！""你永远不可能成才！"

如果你长期生活在周围人的蓄意否定中，并且渐渐开始认可他们对你的否定，陷入自我怀疑，那么你就是煤气灯效应的慢性中毒者。

"煤气灯效应"一词出自 1944 年的黑色悬疑电影《煤气灯下》，又叫认知否定，是一种情感虐待。操纵者通过长期蓄意地对被害者进行精神打压，有意无意地将虚假、片面或欺骗性的言语灌输给受害者，扭曲受害者的认知。长此以往，受害者会产生自我怀疑、自我否定，从而失去对现实的判断，产生自卑、消极的情绪。值得注意的是，"煤气灯"的操纵者大多是伴侣、朋友或家人，他们总会以爱为名行不爱之实。有心理学家指出，大部分人的自卑性格都来源于原生家庭长年的心理迫害。

如何防止陷入煤气灯效应：

1. 坚定立场，独立自信。

2. 丰富社交圈，拓展信息来源。

3. 拥有犯错的勇气。

4. 寻求心理咨询师等专业人士的帮助。

020

波特定理

如何让你的主张更容易被接受

"说了这么多遍，你怎么还是听不进去？！"

这句话你熟悉吗？在父母、老师，甚至领导指责你时，是不是经常会出现左耳朵进右耳朵出的情况，他们骂得滔滔不绝，你却只记得开头，剩余的早就抛诸脑后了。这是为什么呢？是因为我们听了开头的批评后，脑中就开始忙于思索如何反驳对方的批评，以至于剩下的无论是赞美还是批评，统统都听不进去了。这就是波特定理。

所以，如果你想让孩子、伴侣或者下属能听得进去你的言论，最好采用先扬后抑的方式。先认可他们，他们心理上会更容易接受，而后再提出批评，也就铺平了批评的道路，更容易达成你期望的效果。

021

权威效应

无处不在的"观念"侵入

去医院就诊，你是不是更愿意挂专家号？购物下单，你是不是更愿意买名人代言的商品？面对社会议题，你是不是更认可官博大 V 的言论？这就是权威效应。如果你地位高、有威信、受人敬重，那么你的所作所为就更容易让他人接受。相反，如果你只是个普通人，哪怕说的是金玉良言，别人也只会充耳不闻。俗话说"人微言轻，人贵言重"，便是如此。

生活中，我们总是毫无防备地接受"权威观念"的入侵，放弃了自己的主观判断。但权威从来都不是真理，权威的背后也不过是有着自身限制的"凡人"。当专家脱离了自己的领域，名人被虚假广告误导，大 V 开始与资本接轨，这些所谓的"权威"会直接造成你的误判和损失！所以，还是以权威为踏板吧，即使站在巨人的肩膀上，也要擦亮眼睛，独立思考，我们才能看得更清更远呀！

022

讨好型人格

如果你都不喜欢自己，

那么没人会喜欢你

对朋友比对自己还好，朋友求帮忙从不拒绝，朋友不开心陪她聊整夜，总是委屈自己、成全别人，可别人似乎都不知道感恩你的付出。你是这样的讨好型人格吗？为什么会这样呢？

其实，每个讨好型人格的内心都住着一个需求未被满足的内在小孩。他们对安全感、别人的认可有着超乎寻常的渴望。他们总觉得自己不够好，没人会喜欢自己，不敢提出要求，也不敢拒绝别人。这样的委曲求全和讨好，却给了全世界伤害他们的权利。这一种潜在的不健康行为模式，极易陷入内耗。

要知道，你不可能被所有人喜欢。每个人都有自己的独特价值，无须去刻意追求别人的喜欢。要别人喜欢你，先要你喜欢自己，让自己变得强大，活出你的独一无二，从而赋予自己生命的意义。

023

双标效应

只许州官放火，不许百姓点灯

"只许州官放火，不许百姓点灯"的双标人，他们对人对事都有一套自己的标准，但是这个标准并不是统一的。对同一性质的事，他们会根据自己的喜好、利益等产生不同的评判标准。

双标效应，也称双标人格，本质上是"自我服务偏差"的体现。这类人总是习惯把成功向内归因，归结于自己的才能和努力，而把失败向外归因，归咎于"运气不佳"，高估自己行为的正确性，在做出判断时对自己或者自己认可的人无限包容，对他人或不认同的人则万分苛刻。

在生活中，难免碰到一些双标之人，或许他们并无恶意，但和这样的人相处总会产生很多不愉快。所以，我们不妨有意远离这种人，同时保持内省，避免自己陷入双标效应的状况。

024

职业倦怠

学会在工作中放过自己

一想到要工作就心烦意乱，不想去公司？总是忍不住在朋友面前频繁地抱怨自己的工作？或者对现在的工作越来越难以投入？

年轻的我们总是拿命去拼，熬夜加班不过是家常便饭，哪怕再累也总觉得自己还能再撑一撑。然而，你总有一种不知道什么时候就会迎来极限的焦虑感，身心疲惫却找不到生活的意义。这就是职业倦怠，一种由长期过度的压力导致的情绪、精神和身体都极度疲惫的状态。

如果你产生了职业倦怠，不妨试着降低自己的责任感，别给自己太多压力，只在力所能及的范围内做好自己的工作。或者试着从其他事情上找回生活的意义。要学会休息和放松，学会放过自己。如果你实在觉得这份工作对你的身心健康弊大于利，也可以考虑离开，给自己一个新的开始。

025

迪斯忠告

昨日已逝，未来未至，活在当下

你试过爬六七个小时的泰山去看日出吗？

说实话，爬山是一件非常累的事。一旦你跨上了第一个台阶，就仿佛走上一条不归路。狭窄的山道，前前后后挤满了人，被人群裹挟着行至半山，疲累喘息想要放弃的时候，有的人会向山底望，他们留恋着走过的山径，估算着所处的海拔，心生恐惧地留在了原地；有的人会向山顶望，他们仰望着高不可攀的山顶，难免心生迷茫，犹豫着是否再一次跨步向前；还有的人则选择盯着脚下看，他们不去想太多的恐惧与迷茫，只是控制着自己的呼吸，平静起落，不追不赶。没承想，下一次抬头，就到了山顶……

人生就像是一场不能返程的爬山之旅，与其缅怀过去，或者仰望未来，不如平静地走好自己脚下的每一步。最好的人生风景，也会自然而然地来临。

026

边界感

所有痛苦的关系都源于边界问题

"为什么最爱我的人，却伤我最深？"

我们在越亲密的关系中，越不会使用社交技巧去维护，倾向于"不分你我"地跟对方相处，进而侵犯了双方的边界，伤害了彼此的关系。

人和人相处，边界感尤为重要。悬崖有明显的边界，所以谁都不会靠近，保证了人们的生命安全；水的边界很模糊，所以常常有人失足落水，伤人于无形。没有边界感的人可以为了满足自己的需求做任何事，他们习惯去讨好或控制别人。可是，被他们讨好或控制的人也会反过来侵占他们的利益或反抗他们的行为，从而让双方的关系充满了痛苦和抱怨。

所有痛苦的关系都源于没有清晰的边界。所以，试着去做悬崖一样边界清晰的人吧。守住自己心中的原则和底线，才会活得舒服自在呀！

027

双相情感障碍

比抑郁症更隐蔽的精神疾患

有的人哭着哭着就笑出声来，笑着笑着就流下了眼泪，情绪不受控制，仿佛置身愉悦和悲痛的两极反复横跳，难以自控。当心，一旦这种情绪的快速转化成了常态，便可能是双相情感障碍的表现。

双相情感障碍也叫躁郁症，是精神疾患中自杀率最高的病症。

如果说一般人的情绪像缓缓流动的溪水，那么有双相情感障碍的人的情绪就像滔天巨浪，来去凶猛，变幻莫测。双相情感障碍比抑郁症更隐蔽，身边的人常常理解不了他们的痛苦，甚至很多人会把他们躁狂发作或抑郁的表现当成单纯的"情绪问题"。双相情感障碍主要发生于成人早期，调查资料显示平均发病年龄为18—25岁。如果你发现身边的人有这样的症状，千万记得要先让他平静下来，然后及时送医。

身边人的关爱是患者摆脱"冰与火"般人生的动力。

028

假性外向

笑越大声，越是残忍

你知道什么是"外向孤独症"吗?

有一类人,他们表面活泼外向,整天嘻嘻哈哈,但回到家关上门便开始黯然神伤;他们会察言观色,习惯做身边人的"心灵导师",自己却常常在痛苦时默默流泪。这其实是一种假性外向。总是强迫自己去迎合这个世界的规则,压抑自我去营造出一种积极阳光的人设,他们从自身和外界获得的自我认知是极其分裂的。这样的外向让他们疲惫不堪,只有在独处的时候才能真正放松下来。

每个人都有属于自己的人格底色,不要强迫自己去适应外在世界。累了就去倾诉,不想笑就沉默。希望有一天,我们都可以自由地在出世和入世间转换,同时永远清楚地知道自己是谁。

029

自己人效应

如何让别人在无形中跟随你

有一类人总能让领导同事信任备至，把他们当成自己人。商界老板们的对话常常不谈业务，更多谈感情，生意也合作得异常顺利。

这其实是运用了自己人效应，在心理学中也叫同体效应。在人际交往中，人们往往更喜欢把那些与自己有相似性的人当成"自己人"，而对于"自己人"也会更信赖。那么，怎么才能找到相似性，成为对方的"自己人"呢?

1. 学会倾听: 在倾听中捕捉到对方与你的相近之处，把它放大。

2. 保持自我: 以真实交往为前提，寻找真正的共同之处。

3. 长期主义: 好感要通过时间共同去培养。

一旦对方把你当成了自己人，那你不用特意做什么就能轻易达成目的了。但是千万别忘了，自己人效应不是用来攻心的权谋，而是交往的真诚。

030

亏欠效应
不自觉受人控制

俗话说"欠债还钱，天经地义"，如果是欠了人情呢？

一项心理实验测试过，实验人员邀请受试者参与活动，并让助手假扮成一个受试者参与其中，由于室内温度高，助手会假意多买一瓶水送给受试者，大多数受试者都会欣然接受；随后，助手邀请他们买下自己手中的商品。哪怕是那些表明很不喜欢他的受试者，也会被"免费水"影响而答应购买。

这就是"亏欠效应"，我们对于别人给予的"人情"总是抱有"亏欠感"，哪怕我们并不喜欢对方，也总倾向于"归还"补偿。正是因为这种心理倾向，很多人会不自觉地受人控制。滴水之恩，涌泉相报，当然没有错。然而我们诚意"归还"的同时，也要警惕对方的动机，千万别落入"亏欠心理"的圈套。

031

罗密欧与朱丽叶效应

"得不到的"永远在骚动

罗密欧与朱丽叶的爱情遭到了双方世仇家族的反对，然而重重阻碍下，他俩却爱得更深，到最后双双殉情。这就是"罗密欧与朱丽叶效应"，越是被禁止的东西就越想得到手；越是被阻碍的感情反而越牢固。

为什么老师家长百般阻止，校园恋爱却层出不穷？为什么父母家人频繁催婚，子女却铁了心要剩者为王？出于本能的逆反心理，人们总是乐此不疲地在反抗他人的意志中捍卫自己的自由，越是禁止，越是渴望，然而激情总会消散，捍卫爱情固然重要，为了逆反而逆反也大可不必。禁止与自由的双方，都要三思后行。

032

泡菜效应
环境造就人

同样的蔬菜在不同的水中浸泡一段时间后，味道却大不相同，这就是著名的"泡菜效应"。"近朱者赤，近墨者黑"也是这个道理，环境对人的成长具有不可抗拒的作用。和平庸者相处，哪怕你天资聪颖也成就有限；和优秀的人相处，哪怕你资质鲁钝，也会见贤思齐奋发向上，从而获得成功的机会。

我们生活的环境就像一个大染缸，形形色色的人在其中来来去去，你总会在潜移默化中沾染上身边人的习惯。如果我们改变不了自己，不妨善用"泡菜效应"，去改变自己生活的环境，去与柏拉图为友，与亚里士多德为友，与真理为友，也许你会被腌制出令人称道的"风味"。

033

布里丹毛驴效应

徘徊，将使你一事无成

我们每个人的一生都会面临很多选择，大到择校、择业、择偶，小到今天吃什么、穿什么。我们常常站在人生的岔路口犹豫着自己的去向，反复权衡利弊，只为做出最好的选择。

法国哲学家让·布里丹（Jean Buridan）养了一头毛驴，他每天都向农民买一堆草料来喂。这天，送草的农民额外多送了一堆草料。毛驴站在两堆一模一样等距离的干草之间左顾右盼，却始终无法确认先吃哪一堆，最后在犹豫之下被活活饿死。这种面临选择一直迟疑不决的现象就被称之为"布里丹毛驴效应"。

这个效应背后是双趋式的心理冲突在作用，面对有利的双重选择时，我们总是过分追求完美，鱼和熊掌想兼得，结果贻误良机，一无所获。要知道机不可失，失不再来，当我们面对机会时，不妨当机立断，迅速选择其中一个，因为无论选择哪一个都会有这条路通往的方向。但如果在有限的时间内做不出选择，那么结局一定是竹篮打水一场空。

034

蘑菇定律

成熟之前必经的"疼痛"

蘑菇刚开始生长在阴暗潮湿的角落里，没有阳光和肥料，只能自生自灭。只有当它们长到足够高时才会得到关注，沐浴到雨露和阳光。这就是蘑菇效应。

像不像身处泥淖却仍在坚守，努力追求梦想的你？在考上理想的学校前，你只能每晚把自己藏进孤灯努力学习；在获得赏识前，你只能任人呼喝，笑着做好手里细枝末节的工作。成功前，我们总要经历无数次阴暗与挣扎，品尝无数次疼痛与失落，这是蘑菇成长的必经之路。在通往梦想的路上，我们都应该活成一朵蘑菇。尽管身处暗处也不放弃生长，为阳光下的悄然勃发做着每一步的准备。当我们从淤泥中醒来，我们终会发现，经历的所有不公和挫折，都会成为我们成长的养料。

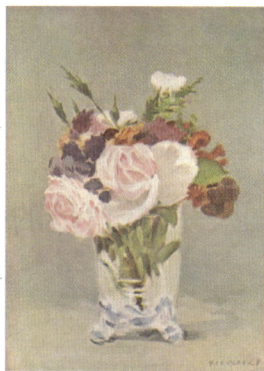

035

长板效应

赢在自己的强项上

我们都听过木桶定律，也就是"短板效应"，说的是一只水桶能装多少水取决于它最短的那块木板。果真如此吗？如果把木桶放在斜面上呢？在现代社会，个人工作的短板早就可以通过团队协作来弥补，决定一个人上限的不再是"短板"，而是他的"长板"，这就是新的木桶理论——长板效应。

　　海洋中的鱼类依靠鳔才能自由沉浮，鲨鱼天生就没有鳔，为了使自己不下沉，鲨鱼只能依靠强壮的肌肉不停地游动，长此以往，它的体格越来越强大，最终成了"海洋霸王"。真正厉害的人，都懂得发掘自己的长板。因为短板补齐需要时间和精力，甚至可能会失败。但当我们将有限的时间，花在自己的既有优势上，就能高效地发掘出自己的核心竞争力。当我们的长板足够优秀时，那些无关紧要的短板便再也不能影响我们分毫了。

036

独占欲

因为匮乏，所以占有

你有过想强烈占有某个人或物的欲望吗？占有欲是人类的一种本能心理反应，对自己喜爱的东西越珍惜，越上心，就越想占有。

每种占有欲的产生，都是由于某种内在缺失引起的。如果一个孩子在成长过程中得不到父母的爱，长大后他就可能想要占有伴侣更多的爱；如果一个人出身贫穷，对于财富他就可能生出更大的占有欲望。一般来说，那些谨慎、完美主义和缺乏安全感的人想要控制他人，完全占有的欲望也更强。

然而，三毛说过："无论哪一种感情，无论哪一种，占有心太强，都是痛苦的泉源。"独占欲，意味着完全控制，被控制的对方没有一丝喘息机会，而爱，需要空间。如果占有欲太强，当很多东西抓不住时，就会无比失落。有时候，知道自己需要什么，远比知道自己想要什么重要得多。学会舍弃一些东西，放过别人，也放过自己。

037

犬獒效应

竞争，是造就强者的土壤

在藏族聚居区，幼犬刚长出牙齿就会被养獒人带到一个没有食物和水的环境里，它们互相撕咬，最后一只存活下来的犬被称为"獒"，通常十只犬才能产生一只獒，这就是犬獒效应。只有通过极其残酷的竞争方式生存下来，獒才会成为犬类中顶尖的存在。

人的一生也会遇到各种各样不同的竞争。也许我们不需要成为那个现实中九死一生的"獒"，但在每一次的困境中，我们面对竞争对手时的全力突围都会让我们越挫越勇，变得更强。企业也是如此，每一次与竞争对手的角逐都会让企业迈向卓越发展。所以，尊重我们的竞争对手吧，勇于创造竞争的环境。我们都应该无畏竞争，直面挑战，努力成为自己生命中的"獒"。

038

最后通牒效应

不要让截止日期成了第一生产力

你是不是平常学习马马虎虎，到了期末考试开始临时抱佛脚？平时工作懒懒散散，到了年底开始拼命加班加点？在面临一项不需要马上完成的任务时，人们总是习惯于能拖就拖，迟迟不肯着手去做，直到最后期限到来，才会手忙脚乱地付出行动。这在心理学上就叫作"最后通牒效应"。

最后通牒并不代表不行动，而是人们习惯了将截止日期当成第一生产力，一味拖延时间和匆忙行动。拖延源于人们对结果的恐惧，会带来无尽的焦虑感，最终把你的时间和意志一点点地吞噬掉；而匆忙行动则直接导致准备不足，仅仅停留在完成了任务的阶段。这无疑都会成为你成功路上的绊脚石。

还是"今日事今日毕"吧，试着去规划时间，而不是让时间推着你走。

039

约拿情结

你为什么害怕成功?

你有没有试过在机遇面前临阵脱逃？你是不是偶尔会嫉妒那些获得机遇的人？这就是人类普遍存在的"约拿情结"，这个词最早由人本主义心理学家亚伯拉罕·马斯洛（Abraham H. Maslow）提出。他认为每个人的内心总是既渴望成功，又害怕成功，这种内在冲突使我们在面对机遇时，总会无意识地产生放弃和逃避的念头，最终与成功擦肩而过。

由于童年时期的不成熟和不安全感，我们每个人或多或少都会存在约拿情结。出于安全的需要，我们总是不敢去争取成功，因为成功意味着挑战和付出，意味着无法预料的风险，所以我们学会了谦虚，磨平了自己的棱角，也放弃了成长的可能性。但成长是我们自己的事啊！如果我们一直被约拿情结牵绊，又怎么能无悔地过自己的一生呢？所以，勇敢地打破"安全"的枷锁，斩断约拿情结吧，总有一天你会发现，我们曾经畏惧的事，都会被我们踩在脚下。

040

鲁尼恩定律

笑到最后的才是赢家

很多人被父母要求去过标准的人生，18岁成人，22岁毕业，25岁恋爱，30岁前买房结婚生子，35岁后家庭事业稳定……然而事实是25岁不一定能遇到对的人，30岁不一定能买房结婚生子，35岁往往会遇到中年危机。把自己放在设定好的日程里，匆忙地推着自己踏上人生的快车道，结果可能会与自己期待的背道而驰。在心理学上，这被称为"鲁尼恩定律"，赛跑时不一定快的赢，打架时不一定弱的输。人生那么长，任何年龄都不应该成为我们的节点，笑到最后的才是赢家。

　　艾青说，人间没有永恒的夜晚，世界没有永恒的冬天。如果你正处在冬天的夜晚，也依然要期待春天的风和日丽。世间万物不停变化，人生发展处处流动，在生命结束之前，没有真正的落后，也没有绝对的领先，做一个长期主义者，在命运为你安排的属于自己的时区里，一切都会准时。

041

塞利格曼效应

没有绝望的环境，只有绝望的心态

心理学家马丁·塞利格曼（Martin E. P. Seligman）曾经做过一个动物实验，他把狗放进笼子里施以电击，刚开始这只狗拼命挣扎试图逃走，但发现再三努力都无法逃脱后，它就放弃了挣扎，哪怕换了个能够轻易越过的笼子，这只狗也只是绝望倒地，不再动弹。人或动物在接连不断受到挫折之后，便会丧失自信，陷入一种绝望的心理状态，这种现象被称为"习得性无助"，又叫"塞利格曼效应"。

当辞职后面试接连碰壁的时候，你是不是也容易产生自我否定？当自己无论多努力工作都升职无望的时候，你是不是也会选择直接躺平？屡屡受挫的我们并不是"真的不行"，只是陷入了"塞利格曼效应"，给自我设了限，失去了继续尝试的勇气和信心。我们要做的是正确归因，调整心态，在失败中继续战斗，才有最终翻盘的机会。

042

心理摆效应

此刻你有多快乐，彼时就有多悲伤

一个容易被情绪牵动的人，遇到一点乐事便激情澎湃，遇到一些挫折就心灰意冷，从快乐到悲伤，从喜爱到厌恨，从欣赏到嫉妒，总是容易在情绪的海洋中大起大落，在心理的两极里左右摇摆。这是感情等级很高，"心理斜坡"很陡的表现。

　　每个人的情绪就好像一个心理钟摆，摆到左边是欣喜若狂，摆到右边是悲伤欲绝。你的"心理斜坡"越陡，情绪的摆动幅度就会越大。因此你此刻有多快乐，那么下一刻就可能朝着相反方向摆动。这就是心理摆效应。我们无法掌控人生的悲欢聚散、顺流逆流，我们能做的只有降低自己的"心理斜坡"，做一个情绪稳定的人。杨绛先生曾说："人生最曼妙的风景，竟是内心的淡定与从容。"环境从来不能决定你是否快乐，但怎样看待事情却能决定你的心情。

043

奥卡姆剃刀定律

世上本无事，庸人自扰之

从什么时候开始，只有谈晦涩难懂的概念才能证明自己的内涵和修养？满身 logo（名牌标志）才能证明自己的消费水平和品位？连谈论人生都要在长夜里痛哭过才算思想深刻？在物欲横流的社会，我们总是习惯不断地做加法，却从未清醒地认识过这个世界。

如无必要，勿增实体，"奥卡姆剃刀定律"的主旨便是如此。它的提出者——14 世纪逻辑学家奥卡姆（William of Ockham）认为：人们所做过的事情中绝大部分都是无意义的，而真正有意义的则是隐藏在繁杂事物中的一小部分。谈概念不如做实事，攀比不如修身，长夜痛哭不如读万卷书，行千里路。世上本无事，庸人自扰之，可买可不买的东西就不要买；可见可不见的人就不要见；可说可不说的话就不要说。试着让自己活得"更简单"一些，剔除掉生命中无意义的繁杂，这样你才能成为一个真正厉害的人！

044

心理抗拒

什么引发了你内心的慌乱？

心理抗拒指的是，当外在压力增加时，个体的遵从度会降低，甚至产生逆反心理，做相反的事。青春期叛逆是较为显著的青少年行为表现。

　　美国心理学家布林（Brin）认为，抗拒之所以产生，是因为人们认为对自己的行为拥有控制权，当这种控制受到限制时，人们往往会采取对抗的心理防御机制，以保护自己的自由意志。当你到点下班准备享受生活时，领导突然找你谈事，你的抗拒情绪是否骤然而生？这时候，不如学会换位思考施压者的行为动机。如果对我们有害，那就严词拒绝；如果有益，何不姑且听他一言？只要你自己知道想要什么，又何必在乎外界的干扰。

045

卡瑞尔公式

接受最坏的，追求最好的

如果你的生活遭逢巨变，你会不会不知所措？但如果你的生命只剩一天，你是不是又会豁然开朗？人之所以迷茫焦虑，是因为明天未知，如果最坏的情况出现，生命都不复存在，我们又有何畏惧呢？卡瑞尔公式说的是，当个体强迫自己面对最坏的情况，在精神上接受它之后，心里就会放松下来，从而勇敢面对，走出困境。

这个公式来自于工程师威利·卡瑞尔（Willie Carell）的故事。卡瑞尔被安排去调试一台机器，他经过一番努力却仍然无法达到公司要求的质量，于是他忧虑万分，进度一度受阻。后来他意识到，最差的结果也不过是被"炒鱿鱼"，重新找工作，便彻底放松下来，重新努力研究，最终改进了机器质量，完成了任务。

是啊！没有比最坏的情况更可怕的了！人生高低起伏是常态，何不把失败当成一种磨炼。行到水穷处，坐看云起时，有了"接受最坏的，追求最好的"的心态，剩下的就交给努力和时间。

046

野马效应

生气是对自我施予的一种酷刑

非洲大草原上有一种靠吸食野马血液生存的蝙蝠，野马常常被它们折磨而死。研究发现是因为野马不堪其扰而生气暴躁，不停狂奔，最终把自己活活累死。

　　生活中不可控的事情数不胜数，如果我们跟野马一样，一旦被外界影响就怒不可遏，我们的人生也将会陷入无穷的困境！所以，试着去控制自己的情绪吧！个体心理学创始人阿尔弗雷德·阿德勒（Alfred Adler）曾说，每个人当下的行为，是由每个人当下的目的决定的。你想生气，于是你便开始怒吼；你想崩溃，于是你便开始哭泣。反之亦然，如果你不想生气或崩溃，就没有人可以强迫你。你永远都可以掌控你自己的情绪。

047

踢猫效应

别做负能量的"传递员"

一位父亲在公司受到了老板的批评，回到家就把在沙发上跳来跳去的孩子臭骂了一顿。孩子心里委屈，就发脾气一脚踢向身边打滚的猫。猫吓得逃窜到街上，刚好一辆卡车经过，司机为了避让猫，紧急打方向盘，结果不幸撞伤了路边的行人。这就是踢猫效应，指的是对弱于自己或者等级低于自己的对象发泄不满情绪，而产生的连锁反应。

父亲心情不好就对孩子随意发泄不满情绪，受到情绪影响的孩子又将坏情绪传递给了猫，循环往复，以至于无辜的行人成了坏情绪传染链条下的牺牲品。处在情绪末端的人往往受害最深，他们明明没有做错任何事，却承受着最深的精神暴力！所以任何时候都应该试着冷静下来，情绪是一把枪，当我们扣动情绪的扳机时，枪口其实是对准了自己。

048

齐加尼克效应
学会把压力关在门外

现代职场就像一个巨大的高压锅，你会把工作压力带回家吗？数据显示，中国职场人2021平均压力指数高达 7.26，其中严重的甚至会出现精神问题。

法国心理学家齐加尼克做过一个实验：他将学生分成两组，让他们同时完成 20 项工作。结果一组顺利完成了任务，另一组则未完成。实验表明，学生们在接受任务时都出现了紧张状态，但顺利完成任务的学生紧张情绪逐渐消失，未完成的学生紧张情绪不但持续存在，还出现了加剧倾向。后一种现象就被称为"齐加尼克效应"。一旦陷入齐加尼克效应，我们就会与精神愉悦渐行渐远，久而久之，还会引发一些身心疾病。

然而工作压力无处不在，我们要学会自我解压。去做些无意义的事，不要过分追求完美，减少工作时间的同时提高自己的效率。等你学会了掌控自己的生活，把压力关在门外，齐加尼克效应自然也就被打破了。

049

首因效应

第一印象为什么那么重要？

求职者面试时总是争相要给 HR（人事）留下一个好印象；新上任的管理者总是急于第一次就在团队面前树立威信；哪怕普通人见面，也总是奉行"第一印象要好"的原则。那么，为什么第一印象那么重要呢？实验心理学研究表明，外界信息输入大脑时，最先输入的信息往往作用最大。这便是首因效应形成的原因。

　　首因效应最早由美国心理学家洛钦斯（A. S. Lochins）提出，也叫优先效应，说的是交往双方形成的第一印象会决定双方日后交往的进程。虽然第一印象并不总是正确的，但却是最鲜明、最牢固的。如果一个人在初次见面时就给人留下好印象，那么人们就会愿意和他接近；相反，对于一个初次见面就引起对方反感的人，人们则会冷脸相迎。这就是我们常说的"先入为主"。既然如此，为了日后交流的方便，我们为什么不尽量给别人留下好印象呢？

050

瀑布心理效应

说者无心，听者有意

你有没有因为说错一句话就失去朋友？对你来说的无心之言，却让对方心存芥蒂，从此两个人渐行渐远。这种现象，在心理学上被称为"瀑布心理效应"，即信息发出的人内心平静，但传出的信息被接收后却引起了强烈的情绪反应，从而导致态度行为发生变化。就像大自然的瀑布，悬崖之上平缓流淌，悬崖之下乱珠碎玉。

说者无心，听者有意。一味口无遮拦，只会为自己的社交和职场及早画上句点。我们想要成就一番事业，就要慎言谨行，常思己过。"良言一句三冬暖，恶语伤人六月寒"，在与人交流的过程中，保持善意，掌握好说话的分寸，才能相安无事。要知道，说话让人舒服也是一种人生智慧。

051

海格力斯效应

冤冤相报何时了

一天，大力士海格力斯在行路中看到了路边有个鼓鼓囊囊样子丑陋的东西。他一时看不顺眼，便上前踩了一脚。谁知那东西不但没被踩破，还迅速膨胀变大。海格力斯更生气了，他使出全力一脚踹过去，结果那东西膨胀得更大，直接把路给堵死了。就在海格力斯分外为难之时，一位圣者出现，告诉他这个东西叫"仇恨袋"。你越是充满仇恨，它就会胀得越大；你越不去理它，它就会变小如初。

这便是海格力斯效应的由来。冤冤相报、以牙还牙，不但会把人际关系搞砸，还会让自己陷入无穷无尽的烦恼和焦虑。孔子说："以德报怨，何以报德？以直报怨，以德报德。"温暖可以融化一切寒冰，与其冤冤相报，不如与自己为友，做个温暖圆融的人。

052

互悦机制

喜欢是互相传染的

学生时代如果有老师对自己好，喜欢自己，自己大概率也会喜欢这位老师，从而喜欢上这门学科，取得不错的成绩。这就是互悦机制，也叫对等吸引律。敬人者，人恒敬之；爱人者，人恒爱之，人们都喜欢那些同样喜欢自己的人。因为人们都需要被肯定、接纳和认可，他人的喜欢正是满足这一需求的最好奖赏。

所以，想让别人喜欢自己就先学着喜欢别人吧！这个世界上从来不存在毫无优点的人。放下对别人的抱怨和成见，真诚地接纳他，发现属于他独有的优点，给予及时的赞美，也许你们之间的沟壑将不复存在。将心比心，以心换心，在这个人人孤独的世界，多一个朋友不好吗？

053

视网膜效应

懂得欣赏自己，才能欣赏别人

有时候心血来潮染了个头发却发现满大街都是染头发的人；刚刚剁手一款新鞋却发现有人穿的鞋跟你买的鞋一模一样。这就是视网膜效应，当我们自己拥有或需要一件东西时，就会比平常人更在意、更关注这件东西。

　　我们每天都要接触复杂多样的信息，我们的大脑就像单一的处理器，只能用有限的精力进行选择性的关注。这种"自动过滤"自然就让我们在无意中忽略掉一些信息，影响我们全面、客观地看待世界。比如，如果我们讨厌某个人，我们的大脑就会自动筛选讨厌他的理由；如果我们把注意力都放在自己的缺点上，我们看到其他人的也全是缺点。选择关注什么，完全由你自己决定。卡耐基说，每个人的特点中有 80% 都是优点，而只有 20% 才是缺点。所以为什么不去挖掘自己身上的优点呢？先学会接纳和欣赏自己，也许别人在你眼里都会变得可爱起来。

054

身体触碰度定律

触碰产生好感

心理学家做过一个实验，让一个男人随机找街上独行的年轻女性搭讪。男人对搭讪的每个女性说了同样的话，不同的是，其中有一半，男人会轻轻触碰对方的手臂，另一半则没有。一天下来，男人要到了 30 多个电话，其中 90% 来自于他触碰过的女性。也就是说，触碰对方手臂，这个看似微不足道的动作，却大大提高了约会的成功率！

　　事实上，适当的身体触碰会促使大脑产生多巴胺，从而对触碰者产生好感。你是否会发现，有些领导经常会拍拍下属的肩膀，语重心长地说些鼓励的话，这时候下属就会斗志昂扬，干劲十足。在餐厅，如果女服务员不小心触碰到你的手，潜意识里你对这家餐厅的好感就会急速增加。这就是身体触碰度定律。偶尔的身体接触可以给心理带来强烈的暗示作用，让对方降低心理防线。所以，如果你想要双方关系更近一步，不如去适当地触碰一下 TA 吧！

055

体态效应

你的身体,

正在反映你的真实想法

美国心理学家艾伯特提出过一个有趣的公式：一条信息的表达 =7% 的文字 +38% 的声音语言 +55% 的体态语言。这表明，人们获得的信息大部分来自于视觉印象，体态语言传达的信息要比有声语言多得多。所谓体态语言，包括人的目光、面部表情和各种身体姿势，它是一个人内心世界最真实的反应。

在一场答题比赛中，答题者每答对一题，就会获得相应的奖金，一旦答错，之前的所有奖金将一笔勾销，答题者有权选择是否继续答题。尽管答题者还在犹豫，没有发言，但一旁的研究员早已通过他的体态语言预判了他的选择。答题者拳头频频握紧，呈现战斗预备状态，正是会继续接受挑战的表现。结果与研究员的预判分毫不差，答题者的身体，早已透露了他内心的真实决定。

生活中，如果能利用好体态效应，我们就能更好地应对复杂的人际关系，掌握局面。

056

性格决定论

性格决定命运，是真理还是谬论？

赫拉克利特说："性格即命运。"他认为一个人的命运是由其性格决定的。

性格这个词用心理学来解释，是指一个人在面对现实时的态度和行为方式中表现出来的稳定的人格特征。也就是说，性格一经形成便相对稳定，由此人们的态度和行为方式也趋向于稳定。照这么说，性格确实在很大程度上会通过影响我们的行为模式来影响命运。然而人生漫长，每个时期都会有不同的激流险滩，站在高考、择业、择偶几个大的命运分岔口，常常不是一个"性格"就能一笔囊括的。

与其说性格决定命运，不如说性格与命运相互作用。人的性格虽然相对稳定，却也并非一成不变，重大的人生际遇甚至会改变、扭转一个人的性格。我们无法决定身处的时代，亦无法预料无常的际遇，我们能做的只是锤炼自己的性格，换取更好的命运。

057

巴纳姆效应

星座、塔罗、占卜背后的秘密

为什么当代很多人对星座、算卦、塔罗牌、占卜等玄学趋之若鹜，甚至奉为圭臬？这就不得不提 1948 年由心理学家伯特伦·福勒（Bertram Forer）通过实验证明的一种心理学现象：巴纳姆效应。人们总是很容易相信一个模糊笼统、普遍适用的人格描述，哪怕这种描述模棱两可，人们却对此深信不疑。

所谓玄学，正是给你扣上了一顶每个人都合适的帽子。人贵自知而难自知，我们大多数人都无法清晰地认识自己。一旦我们有了期望得到的答案，我们就会搜集各种各样的证据来支持自己。玄学不过就是我们进行主观验证的工具罢了。所以学会面对真实的自己吧，培养自己收集信息、判断信息的能力，而不是陷入那个放之四海皆准的万能帽子里，限制了自己的发展。

058

棘轮效应

由俭入奢易，由奢入俭难

一天，渔夫意外捕获了一条会说话的金鱼。金鱼求他将自己放生，就可以满足他的愿望。渔夫将金鱼放生后，转头把这件事告诉了妻子。妻子向金鱼提出了一个又一个愿望，最后甚至想成为海上女霸王。金鱼得知后不再回应，夫妻俩又重回了之前的贫困生活。

这就是棘轮效应，人的贪欲一旦形成，就好比卡在棘齿中的棘轮一样，容易上调，却难以下调。正如经济学家詹姆斯·杜森贝里（James Stemble Duesenberry）提出的，人的消费习惯形成后具有不可逆性。消费者易于随收入的提高增加消费，但当收入降低时，人们甚至会动用以前的储蓄，来防止消费水平的大幅下降。换句话说就是，由俭入奢易，由奢入俭难。棘轮效应实际上出自人的一种本能欲望。人生而有欲，有了欲望就会千方百计地寻求满足。然而正如歌德（Johann Wolfgang von Goethe）所说："贪婪过度，总要受害。"人生的至高境界，正是简朴的生活，高贵的灵魂。

059

空杯心态

杯满则溢，月盈则缺

一天，一位名人前来向禅师南隐问禅。名人只顾诉说自己的境况，喋喋不休，南隐在一旁默默以茶相待。他将茶水倒入名人的杯子，满了也不停下来，名人眼睁睁地看着茶水溢出杯外，十分不解。南隐大笑解释道："你就像这只杯子，装满了自己的想法。如果你不先把杯子清空，我又如何对你说禅呢？"

生活中的我们也是如此，总是匆匆忙忙，一肚子的诉求和想法，可曾清空过自己，留下学习的时间？正如一个装满水的杯子接不了更多的水；一个骄傲自满的人，也只会故步自封，被时代所抛弃。我们每个人都是一个杯子，杯满则溢，只有不断空杯，主动归零，才能成为更好的自己。

060

晕轮效应

你真的了解他吗?

2018 年济南开往北京的高铁上，曾出现一起男子霸座事件，经证实男子是韩国某著名大学的经济学博士。大众一下炸开了锅，"为什么博士的素质这么低？"然而我们细想一下，学历跟人品有关吗？

一个孩子字写得好看，老师会觉得这是个优等生；一个人抽烟喝酒烫头，我们会觉得这人不好。这就是无处不在的晕轮效应，也叫光环效应。人际交往中，人身上表现出的某一特征，会掩盖掉他的其他特征，从而造成人际认知的障碍。对于物也是如此，比如某品牌出了一款新品，消费者就算从未用过，也会因为对该品牌的认可而趋之若鹜。

然而，光环之下皆为阴影，晕轮效应是把双刃剑。我们既要避免被别人的晕轮影响而一叶障目，也要试着用它来放大自己的优势，增强自我竞争力。

061

麦穗原理

37%，也许是最优停止节点

三个弟子问苏格拉底："怎样才能找到理想的人生伴侣？"苏格拉底让他们每人在麦田里摘一支最大的麦穗，但不能走回头路，只能摘一支。前两个弟子要么因为过早地摘取了麦穗而后悔不已，要么因为犹豫迟疑最终空手返回而垂头丧气，只有第三个弟子把麦田分成了三段，将前两段的麦穗分为大、中、小三类进行对比，选择了相对最大的之后就不再看其他麦穗，满意而归。这就是麦穗原理，无论爱情、事业，还是婚姻、朋友，都不存在最优决策，不求最好，但求适当，才是解决之道。

然而，怎么才算适当呢？《算法之美》的作者提出，在37%这个节点上，有最大概率选到最好的结果。比如你要面试20个候选人，面到第七八个时，你差不多就可以做决策了。

做任何事，我们也许无法苛求最好的结果，但也不应该盲目妥协，既要见好就收，也要有据可依。

062

依赖心理

人可以拒绝任何东西，

但绝不可以拒绝成熟

遇事自己不能做主，要交给别人决定；被批评或否定时情绪大起大落；分手时觉得自己活不下去；总是害怕被人遗弃；总在寻求别人的保证、同意或称赞。这些都是典型的依赖心理。有过度依赖心理的人往往缺乏自信，没有主见，甘愿将自己置于从属地位。他们在工作上往往感到很吃力，也缺乏安全感，经常恐惧、焦虑，甚至产生抑郁，严重影响自己的生活。

　　依赖心理的形成源于童年时期的发育创伤。孩子6个月到3岁之间，就要完成和父母的"分离"，如果父母在这个阶段不能引导孩子建立基本的界限感，那么孩子就很难形成独立的人格。我们想要走出依赖心理，就要自我觉醒，敢于说"不"，守住自己的边界。

　　人可以拒绝任何东西，但绝对不可以拒绝成熟。只有成熟，才能无惧风雨。

063

过度理由效应

教你怎么欲擒故纵

你有没有发现，当我们分析一件事时，总是习惯对外归因？比如当你考试失败，你会怪罪这次的试卷太难；一旦彩票中奖，你会考虑是不是今天穿了红色的衣物。这就是"过度理由效应"，人们总喜欢过度地去找外在理由，来让自己或别人的行为看起来合理，从而看不到问题的本质。然而如果我们能利用好过度理由效应，也许会有意想不到的结果。

有这么一则故事，一群小孩总在居民楼旁一辆废弃卡车里蹦跳，蹦跳声让居民不堪其扰。这天一个老人让孩子们来比赛谁跳得高，前三名给他们糖果奖励。比赛办了三天，到第四天就取消了，奖励停发后孩子们顿感索然无味，也就不再来了。

我们要想改变人们的态度或行为，不一定要直接改变，可以采取欲擒故纵，先给奖励，将他们"贪玩"的内因转化为"奖励"的外因，这时便可以加以控制。比如想要懒散的员工变得努力，就诱以升职加薪；想要贪玩的孩子上进看书，就设置读书奖励。然而，做好事时切忌过度理由效应，不是为了奖励才去做好事，而是从心出发。

064

吊桥效应
让你心跳加速的不一定是爱情

心理学上有个说法，如果你有心仪的对象不敢表白，就带 TA 去吊桥吧！这个说法源于心理学家阿瑟·阿伦（Arthur Aron）提出的吊桥效应，说的是由于吊桥上紧张刺激的环境，人会不由自主心跳加快，这个时候如果碰巧遇见另一个人，就会错认为对方使自己心动，从而滋生出爱情。简言之，外界的刺激会让大脑混淆事实和情感，从而做出"错误归因"。所以有时候我们以为的一见钟情，可能只是爱情的幻觉。

"吊桥效应"不仅仅体现在恋爱上。在这个信息冗杂的时代，我们很容易受到外界的影响，从而一时冲动做错选择，抱憾终身。所以当我们一时"脑热"，被"心动"冲昏头脑时，我们就该劝自己冷静下来理性思考。只有时刻保持清醒的头脑，认清现实，才能成为自己命运的掌舵者，过上顺意的人生。

065

聚光灯效应

别人真的在关注你吗？

当你换了一个自己不太满意的新发型后，你会感觉大部分人都注意到了你的新发型，甚至有些人可能对此作了一番评价。这种现象便是聚光灯效应。

心理学家季洛维奇和萨维斯基刊发过"聚光灯效应"实验：让一名实验者穿一件画有喜剧演员头像的T恤坐在五名学生中间。请实验者判断有几人注意到了他的T恤，他回答50%以上。而再次回访五名学生时，只有一个学生表示自己注意到了实验者的穿着。

聚光灯效应会导致人们过度关注自我，过分在意自己在公众场合的表现，为一些无足轻重的小尴尬而懊悔、郁闷，总觉得自己的一举一动都受到关注，从而产生社交恐惧，不自觉地高估自己的失误对他人的负面影响。

所以，你根本没有必要为自己在公共场合的失当之举而耿耿于怀，或者因为害怕他人评价而不敢尝试感兴趣的事情，大胆去做自己吧！

066

马赫带现象

爱情不是拿来比较的

你有没有发现，黎明时分曙光照射下的地平线轮廓分外明显？同样的物体放在暗背景里会更亮，放在亮背景里却更暗？这就是马赫带现象，是1868年由奥地利物理学家恩斯特·马赫（Ernst Mach）发现的一种明度对比现象，也叫"对比效应"。马赫带现象之所以出现，是因为人类视觉系统具有增强边缘对比度的机制，这种机制会让神经网络对视觉信息进行二次加工，从而产生明亮对比边缘亮处更亮，暗处更暗的视觉错觉。

人在失恋后很容易出现马赫带现象，会无限放大对方的优点，忽略缺点，从而推动自己拼命挽回。这其实是在将落寞的现实与甜蜜的过去做对比，对比之下产生了不放过自己的执念。不管是爱情，还是其他人和事，我们都要避免马赫带现象，不要盲目对比，失去了自己对客观事实的判断力。

067

右脑幸福定律

幸福的捷径在于觉醒我们的右脑

人的大脑是有左右严格分工的。左脑是"自身脑"，负责理性逻辑的部分，人要在现实世界竞争生存就必须利用好左脑。右脑是"祖先脑"，负责艺术创造的部分，是人类精神生活的基础，梦、潜意识等心理过程，大多都是由右脑激发的。

为了更好地生存，人类97%—99%的时间都在使用左脑。然而过度使用左脑会让大脑产生有毒的"去甲肾上腺素"，也叫"竞争荷尔蒙"，从而带来失眠、焦虑、抑郁，甚至加速衰老和死亡。相反，当我们使用右脑的时候，则会分泌出一种使人产生幸福感的"内啡肽"。正是因为左右脑与我们的生活幸福感密切相关，美国心理学家霍华·克莱贝尔（Howard Kleibel）提出了右脑幸福定律。我们的右脑如同一个巨大的宝库，蕴藏着90%—95%的大脑潜力。我们幸福的捷径就在于觉醒我们的右脑，比如每天有意识地花点时间去做些无聊的事，散步、观景、欣赏艺术。所谓幸福，就是用看似无用的事去点缀有限的人生。

068

月曜效应

你有假期综合征吗?

上班族一想到周一就变得焦头烂额，沮丧无措，周一似乎成了一周中最难熬的一天。这是月曜效应，说的是假期后的第一天，人们普遍会出现精神不振、状态下滑的现象，也就是我们常说的"假期综合征"。假期越长，月曜效应就越明显。这是为什么呢？巴甫洛夫（Pavlov）认为，人们从周一到周五持续的工作形成了"动力定型"，周末工作的暂时搁置破坏了这种"动力定型"，到了下周一，人们又开始重建和恢复。因此周一就成了心理和身体的双重"过渡期"，我们的工作状态自然而然就出现了波动。

假期后之所以疲累，是因为我们不懂休息，假期时或继续工作，或一味放纵，导致新一轮工作开始时产生倦怠和疲累。要摆脱月曜效应，就要学会合理休息，张弛有度，才能进退裕如。

069

流言效应

人言可畏背后的逻辑

心理学实验表明，如果让同一个人隔几天后复述同一个故事，故事的细节会不断丢失，故事会越讲越短，涉及的人名、地名、日期和数字更是模糊不可辨认。也就是说，人的记忆不一定可靠，对一个事物的描述也不一定准确。流言就是这样，因为认知偏差而产生，最后以讹传讹，变得面目全非。

　　曾参本是孔子弟子，七十二贤人之一，也没有逃过流言的侵害。当有三个人相继告诉曾参母亲他杀了人时，最了解曾参的母亲也最终越墙而去。人言可畏，这就是流言效应，流言会对个人心理与行为造成消极影响。在动乱的环境中，流言甚至会演化为骚乱。

　　而互联网的出现，让我们每个人都有机会成为那个传播流言的人。我不杀伯仁，伯仁却因我而死，正是因为流言杀人于无形，我们更要审慎对待。流丸止于瓯臾，流言止于智者，我们每个人都应该有自己的一套判断事物的标准，从而足够清醒地看待世间的浑浊。

070

拍球效应

压力越大，潜能越大

拍篮球时越用力，篮球就会弹得越高，压力的大小和篮球弹起的高度成正比，这就是拍球效应。学生有学业压力，职场有工作压力，回到家里我们还要面对生活压力。压力似乎与生俱来，无法摆脱，然而正是这些压力才能让我们始终保持前进的状态。承受的压力越大，激发的潜能也就越大。正如风暴中前行的货轮，空船时稍微有点风浪就有可能顷刻翻船，只有适当地负重才能抵挡暴风骤雨的侵袭。

不管是生活还是工作，有压力都是正常的。我们不必惧怕压力，而是应该去了解压力产生的原因，给予自己积极的心理暗示，把压力转化为动力。每个人承受心理压力的极限不同，我们要知道自己的极限在哪儿，按照自己的情况及时增压或减压，这样才能更好地激发出自己的潜能，行稳致远，进而有为。

071

淬火效应

冷处理的巧妙运用

你知道钢铁是怎样炼成的吗？钢铁被加热到一定温度后快速冷却，在高温与骤冷中铸造而成。钢铁炼成的过程就是淬火效应，淬火效应的关键在于学会"冷处理"。人生不总是一路高歌坦途，还有许多关山难越。当你被风雨侵袭一败涂地时，也许正是命运在赠予你"冷处理"的时机，淬炼过后，你便坚硬如钢，无所畏惧。

"冷处理"的过程就是我们在挫折中成长的过程。当你遇到无谓的争吵，你要学会冷处理，暂时搁置争端，等大家冷静下来再去谈论；当你一路开挂周围充满鲜花和掌声，你要学会冷处理，分辨现状，找到真正属于自己的路。逆境时冷静，顺境时清醒，淬火效应中的及时冷却无疑是在为我们赢得重新思考的时机和窗口，挺过骤冷的难关，过后便是新生。

072

蚂蚁效应

不要用战术上的勤奋,

掩盖战略上的懒惰

一群蚂蚁选择了一棵百年老树的树底安营扎寨，蚂蚁们一点点咬去树皮，挪移沙土，齐心协力只为建设共同家园。有一天，一阵微风吹来，百年老树轰然倒塌，蚂蚁辛苦建设的家园也随之不复存在。这就是蚂蚁效应的故事。没有深度的思考，所有的勤奋都是白搭。

　　为什么大多数人每日勤奋工作，市场上流通的大多数钱依然被闲散的老板挣去？为什么越内卷的企业越是会出现增长的停滞？一个囿于杂务而懒于思考的人注定会陷入平庸，一个用战术上的勤奋掩盖战略上的懒惰的企业也势必会陷入增长的瓶颈。不管是个人还是组织，都要在忙碌之中留下自我思考的空间，才能找到属于自己的最有价值的路径。

073

马太效应

强者愈强，弱者愈弱

《圣经·新约·马太福音》中有这么一则寓言：国王给三个仆人一人 1 锭银子去做生意。仆人甲和仆人乙分别赚了 10 锭和 5 锭银子，国王便分别奖励他们 10 座和 5 座城邑，仆人丙害怕失去这 1 锭银子不敢做生意，国王便将他仅有的 1 锭银子也当作奖赏给了仆人甲，并说："凡是少的，就连他所有的，也要夺过来。凡是多的，还要给他，叫他多多益善。"这就是马太效应。

　　我们的生活也大多受马太效应影响，越是富有的人越能放弃眼前的利益去关注长期收益，从而发现财富的规律，吸引更多金钱向自己涌来；越是不缺爱的人越能松弛随和，展现温暖的能量场，从而吸引更好的人、更持久的爱。钱都流向了不缺钱的人，爱都流向了不缺爱的人，想要强者愈强，我们先要有一颗强者的心脏，不断充盈自己的精神世界，积累自身优势，接下来便可以静观其变了。

074

幸福递减定律

得到越多，幸福感越少

手捧香茗，沐浴阳光，享受悠闲和惬意，这样的生活，你觉得幸福吗？还是每日忙碌焦头烂额会觉得幸福？如果把你一个人放到沙漠中独自面对风沙和饥寒呢？是不是前两种生活都显得无比奢侈了？干渴难耐的沙漠里，一杯水都会让你如获至宝。我们从物质中获得的幸福和满足感会随着所获物质享受的增多而减少。这就是幸福递减定律。

对我们常人来说财富和家庭代表幸福。人在不如意的时候，一点微不足道的提升都会让他兴奋不已，而当所处的环境逐渐变得优越，人的要求、观念、欲望等级就会变高，同样的事物便再也无法让他感觉幸福。亚伯拉罕·林肯（Abraham Lincoln）说："我们认定自己有多幸福，就有多幸福。"幸福与否在于我们的心态。我们感到不幸福，不是因为我们拥有的东西少，而是因为我们身在福中不知福。怀着感恩的心态生活，抓住当下属于我们的快乐，知足和感恩就是幸福。

075

破窗效应

你的人生是怎么废掉的？

心理学家菲利普·津巴多（Philip George Zimbardo）做过一个实验，他将两辆一模一样的汽车分别停在整洁的富人区和杂乱的贫民区，结果贫民区的车很快被偷走，另一辆车则安然无恙；于是他将富人区那辆车的天窗打破，几个小时后那辆车也被偷了。这就是破窗效应，环境中的不良现象如果被放任，就会诱使更多人效仿，造成更大的恶果。健身者如果放纵自己一天不去锻炼，就会有第二天、第三天，久而久之，便放弃了健身这件事；我们如果放纵自己每天摸鱼 10 分钟，就会有第二次、第三次，久而久之，我们对工作也会渐渐失去兴趣。面对"第一扇破窗"的时候，我们总会给自己心理暗示：窗是可以被打破的，打破是没有惩罚的。不知不觉间，我们便开始摆烂，放任自流。

千里之堤，溃于蚁穴。不要让自己有放纵的理由，不要轻易打破自己的"第一扇窗"。摆烂很容易，但坚持一定更酷！

076

安慰剂效应

你相信什么，就可能遇见什么

其实医生开出的处方药里大约有35%—45%都是安慰剂。安慰剂多由葡萄糖、淀粉等无药理作用的惰性物质构成，是既无药效，又无毒副作用的成分。然而对于那些渴求治疗的病人，安慰剂能让他们在心理上相信治疗有效，从而感到病症舒缓，甚至真的改善了身体健康。这就是安慰剂效应，又名伪药效应，于1955年由美国毕阙（Henry K. Beecher）博士提出。安慰剂效应根本上是一种潜意识的自我暗示。不管人们是不是在接受真实有效的治疗，只要他们心底坚信自己的治疗是有用的，一些病理症状就会在自我暗示下逐渐痊愈。

　　生活也是如此，当一个人内心拥有了"相信的力量"，便会给到自己积极的心理暗示，带来更多的能量，获得更好的结果。你相信什么，就有可能会遇见什么。所以不妨放下心中的戒备，去选择相信，生活中的美好才会与你不期而遇。

077

马斯洛理论

你为什么总是得不到满足？

你是不是很难得到满足？比如总觉得家人不够爱你，朋友不够尊重你，自己没有任何价值？也许你该了解一下自己的需求了。人本主义心理学家马斯洛最著名的理论之一莫过于"需求层次理论"。马斯洛认为人有 5 种需求层次，由低到高分别是：生理需要、安全需要、爱和归属的需要、尊重需要，以及自我实现的需要。我们总会有各种欲望，这些欲望的背后正是我们的这些需求没有得到满足。但正如马斯洛所说，这是所有人的需求模型，这是最广泛的人性。

如果我们能正确地利用欲望来做该做的事情，比如想要别人认可你就先尊重他，想要实现自我价值就先利他。在满足别人欲望的同时，你自然而然便实现了自我的价值，满足了自己的需求，形成了一个良性循环。你看，最高层次的需求满足居然这么简单！

078

爱情盲目论

恋爱中的人真的是盲目的吗?

我们在影视剧中总能看到那些爱到忘乎所以、海枯石烂的剧情，恋爱中的人当真会如此盲目吗？

生理学研究显示，人处于恋爱状态时，一部分大脑细胞会变得明显活跃，并促使人体释放出一种荷尔蒙，来抑制大脑对负面情感做出判断。也就是说，当我们恋爱时，就很难对爱情做出完全理性的判断，因为我们的大脑会丧失批评、否定对方的功能。

君不见，情人眼里出西施？君不见，痴心妇人负心汉？爱情具有盲目性，陷入爱情的人很难客观理性地认识和评价事物。一旦陷入对对方的过度依赖，就可能会因为意想不到的挫败而堕入痛苦的深渊。所以哪怕爱入骨髓，也要保持自我的独立和清醒啊！

079

零和博弈

一场没有输赢的游戏

你看到地上有 100 块钱，是会自己捡还是叫别人捡？你会不会奇怪股灾蒸发的钱，牛市多出来的钱，都去哪儿了？人生中有很多零和博弈的场景。零和博弈，顾名思义指的是一方受益，另一方损失，双方的收益和损失加起来是零。也就是说博弈双方你死我活的背后，博弈本身不会带来任何价值。

作为个人，我们没有必要去拥有一个你死我活的对象。如果老板想着跟员工共同富裕，而不是一味压榨，那么员工就会更卖力地工作，公司的业绩也会蒸蒸日上；如果你想的是和同学互相成长，而不是一味针锋相对，那么现在的同学最终会成为长久的人脉，助力你的职场和人生。

零和博弈也许无法避免，但比起零和思维，共赢才应该成为个人的处世之道。

080

暗恋心理

一场关于"爱情"的自我幻想

你暗恋过别人吗？根据调查，80%—90%的年轻人曾经经历过暗恋，16—22岁为高发期。男生通常比女生更多地发生暗恋；依恋型人格通常比安全型和回避型人格更容易发生暗恋。

精神分析的观点认为，暗恋是一种充斥着投射和理想化的感情。你想象着对方就是你心里的"完美恋人"，将自己对亲密关系的所有幻想和期许都投射在对方身上，从而也勾勒出理想的你自己。可是你有没有想过，有可能你喜欢的根本不是对方这个人，只是这种"喜欢人"的感觉。

也许在暗恋中，你自卑、矛盾、挣扎，但那依然是一种单纯、无私、深刻的爱，这种爱像阳光，无论何时想起，都是心底最温暖柔软的记忆。不过如果你准备好了，还是要鼓起勇气，大胆追爱。遗憾终究是遗憾，行动才能让幻想有成真的可能。

081

原生家庭

成长的宿命,

就是超越你的原生家庭

每个人一生中都有两个家，一个是从小长大的家，另一个是结婚后组建的家。我们把第一个家叫原生家庭，后来组建的家叫再生家庭。越来越多的人发现自己很多心理问题来源于原生家庭中父母相处的方式、父母对待自己的方式以及父母自身生活的方式。他们认为，幸福的童年治愈一生，而不幸的童年却要用一生治愈，他们提出原生家庭决定论，他们感叹"父母皆祸害"。

然而这不过是推卸责任罢了！每个人的人格都由先天因素和后天环境共同决定，原生家庭不过是后天环境中的一种。完美的父母是不存在的，每个人的原生家庭都会有问题。罗杰斯（Rogers）说："好的人生，是一个过程，而不是一个状态；它是一个方向，而不是终点。"原生家庭正如我们的童年只是过去式，而我们成长的宿命，就是超越原生家庭，把握自己的现在和将来。

082

磁场效应

你是谁，就会遇见谁

你有没有一段时间总觉得特别不顺？有些同事总是聊不到一起？有些莫逆之交最后却分道扬镳？每个人身边都有一个磁场环绕，你的磁场吸引着与你磁场相同的人和事，这就是磁场效应。

曾国藩说，一生之成败，皆关乎朋友之贤否。你有什么样的磁场，就会过什么样的人生。黄渤接受采访时曾说，成名前，在剧组总能遇到各种各样心怀鬼胎的人；成名后，走到哪儿都是温暖的笑脸。一个人只有成为最好的自己，才会遇见最好的他人。与其期待别人对自己温柔，不如让自己变得强大。你是谁，你就会遇见谁，让自己变得优秀，与优秀的人同行，让月亮主动奔你而来。

Ив. Шишкинъ — 1862.

083

幽默效应

轻松化解对方的敌意

职场上幽默的人总是更容易交到朋友；娱乐圈中长相一般的笑星总能收获大批观众的好感；听演讲时你也许记不住那些生涩的术语，但对幽默有趣的故事一定印象深刻。这就是幽默效应，指的是当你足够幽默时，很容易让人放松警惕，产生好感。

　　一次，卓别林不幸遇上歹徒打劫。被歹徒用枪指头的他只好乖乖奉上钱包。他告诉歹徒这些钱是他老板的，只求歹徒能在他的帽子和衣服上随便开几枪来证明他被打劫的事实，以逃脱老板的责罚。歹徒拿了钱便欣然答应了。他对着卓别林的衣裤帽子开了数枪，直到子弹全部打光。这时卓别林一拳挥来打晕了歹徒，取回钱包喜笑颜开地离开了。

　　幽默感实在是太丰富的养料。它不仅是几句玩笑、几个笑容，更是一份从容、超脱与智慧。学着做个幽默的人，也许我们也能轻松化解一切。

084

富兰克林效应

想要别人爱你，就让他付出

心理学上的富兰克林效应，说的是相比那些被你帮助过的人，那些曾经帮过你的人会更愿意再帮你一次。故事是这样的，富兰克林还是一名州议员时，他想要争取一位国会议员的支持。不想卑微讨好的他选择了一个独特的方式：写信向这位议员借书。没想到，之前对他无感的议员立即同意了，在这之后更是主动来找富兰克林，久而久之，两人就成了志同道合的朋友。正是因为借书这件事，国会议员先是在两人的关系中进行了付出，然后开始留意到富兰克林，由此开始建立了两人的密切联系。

　　父母更爱孩子，是因为为了养育孩子，父母付出了大量的时间和精力；我们更爱伴侣，是因为我们在对方身上付出了自己所有的感情。所谓爱，就是你对一个人付出的总和。所以，如果想要别人爱你，不防试试让他为你适量地付出吧！

085

黑暗效应

选择你的约会场所

为什么情侣约会偏爱电影院？释放压力总要去酒吧？和人谈心选在咖啡馆？这是因为黑暗的空间里，我们看不清彼此的表情，体察不明对方的情绪，反而可以不用像白天那样时时注意自己的言行，可以适当地放松下来，真情流露，尽情交流。心理学家将这种现象称为"黑暗效应"。当我们追求恋人时，就可以利用黑暗效应降低对方的心理戒备，趁机拉近彼此的距离。

然而在享受黑暗带来的情趣时，我们也要警惕黑暗之下的意图，不要让自己彻底失了魂。真正爱你的人，不只会陪你度过漫漫长夜，更能与你携手看遍千山万水。

086

色彩心理理论
颜色可以透露你的心

为什么中国春节红色到处可见？古罗马皇室总喜欢穿紫色？幼童作画时偏爱黄色？色彩包含着一种潜在的"态度"，是对自己内在状态的一种诠释，是一种可见的情绪。简单来说，颜色可以暴露你的内心。

　　绘画时，相比于心理健康的人常常自信地使用红黄绿等暖色调，有焦虑倾向的个体经常会使用更保守的颜色，如棕色、黑色、深蓝。很多研究表明，就连色彩选择的数量，也与情绪的控制能力有关。有暴力倾向或躁狂症的个体往往会使用更多更强烈、不协调的色彩搭配；年幼的儿童也比正常的成人使用更多的色彩。当然，你对颜色的好恶，也一定程度上表达了你的个人特色，比如蓝色代表理性和坚韧，绿色多爱浪漫和大自然，红色充满热情和张扬……

　　色彩心理的研究，为了解一个人的内心提供了突破口，让我们可以通过颜色看懂他人。

087

暗示效应

不知不觉中让你跟随他人

有位心理学家做过一个有趣的实验。他在学生面前放了两杯水，告诉他们一杯是白开水，一杯是来自法国3000米高山上的矿泉水，并要求他们先后喝下去。学生喝完第二杯水后纷纷表示有一股甘甜。而实际上，这两杯水来自于同一个锅煮开的水。这就是暗示效应带给人们的奇妙错觉。

班主任公开表扬某位同学，是在对其他同学做语言暗示。主管以身作则准时打卡，是在对其他同事做行为暗示。暗示效应是指在无对抗的条件下，用含蓄、抽象的方法对人的心理和行为产生影响，从而诱导人们按一定的方式去行动或接受一定的意见，使其思想、行为与暗示者期望的目标相符合。

暗示就像一把"双刃剑"，积极的暗示让人充满希望，消极的暗示让人变得颓废。不断对自己和身边的人进行积极的心理暗示，人生自然就会向积极的方向前进。

088

皮格马利翁效应

期待会产生意想不到的奇迹

古希腊神话中有个叫皮格马利翁的国王，他同时也是一名雕刻家。一次偶然的机会，他得到了一块上等象牙，便投入了自己全部心血去雕刻美女雕像，他甚至期待雕像能成为自己的妻子。最终爱神被他感动，赋予了雕像生命，两人结为夫妻。这就是皮格马利翁效应，也叫罗森塔尔效应：一旦你对某些人赋予强烈的期待，那么这份期待真的会奏效。

　　人是唯一接受暗示的动物。每个人都有潜力，但不是每个人都能发挥出来。如果能够通过期待暗示给予别人自信和进取的能量，鼓舞他们去拓展自己的人生，也许他们就能慢慢建立对自己未来成就的信心，激发出最大的潜力。所以，如果你对前路迷茫，那就给自己一份对未来的期待吧，期待会产生意想不到的奇迹。

089

紫格尼克效应

你有还没完成的事吗？

追剧时让你睡觉，你是不是会说"看完这集就睡"？打游戏时喊你出门，你是不是会回"打完这盘就走"？我们似乎天生就有强烈的执念，想把事情完成。

美国心理学家布鲁玛·紫格尼克做过一个实验，他让被试者做 22 件简单的小事。这些小事中一半被允许做完，另一半则被迫中断。结束后紫格尼克让他们回忆各自做了什么。结果发现未完成的工作能回忆起来的高达 68%，而已完成的工作回忆率仅有 43%。这就是心理学上著名的紫格尼克效应，人们有一种对事情有始有终的驱动力，对于未完成的事比已完成的事情更加印象深刻。饥饿营销手段也是利用了消费者的这一心理张力，拉高期待值促进成交。

当紫格尼克效应越强，人们越想完成这件事时，就会出现强迫症和完美主义；而当紫格尼克效应越弱，人们的完成欲越低，则会出现拖延症。所以，对于想完成的目标，不妨做一个 To Do List（待办事项清单），一步一步去实现它。

090

超限效应

把握好分寸，才能恰到好处

在一次牧师演讲中，马克·吐温（Mark Twain）最初觉得牧师讲得好打算捐款，没想到牧师的演讲时间太长，磨光了他所有的耐性。最后牧师演讲完开始募捐时，气愤的马克·吐温不仅没捐钱，还从盘子里偷了 2 元钱。

生活中这种现象处处可见：聊天时如果一方铺垫太久，另一方就容易注意力分散，甚至开始不耐烦；夫妻争执时妻子如果一味地翻旧账，原本内疚的丈夫会变得气急败坏，夫妻关系更紧张；孩子对父母反复的说教不仅听不进去，还容易产生逆反心理，对抗父母。这些由于刺激过多、过强，作用时间过久而引起极不耐烦或反抗的心理现象，叫作"超限效应"。

凡事要有度，如果我们一味从自我出发，不考虑对方的需求，一片真心只会适得其反。只有把握好分寸，一切才能恰到好处。

091

自我选择效应

你的选择就是你的命运

自我选择效应表明，一旦个人选择了某一人生道路，就存在向这条路走下去的惯性并且会不断自我强化。如果我们在职场初期选择做一个程序员，我们大概率在很长一段时间内都会从事程序员相关的工作，随着工作年限的增长，我们的技能会不断强化，从而形成更大的职业优势。这时候如果轻易转岗，则会付出巨大的成本。因此，我们在做选择时要分外慎重。

　　从前有个老者一辈子想做官，可直到他两鬓斑白依然还是一介布衣。原来老者经历了几任皇帝，这几任皇帝都有他们自己的用人偏好。老者不停地跟随不同皇帝的偏好改变自己的学习方向，最终蹉跎了几十年的人生。几番转舵的老者像不像职场中频繁跳槽的人们？他们看似有很多选择，却从未有一次坚持下去。你的选择就是你的命运，我们的今天是由3年前我们的选择决定的，我们今天的选择也将决定3年后我们的命运。

092

缄默效应

不在沉默中爆发，

就在沉默中灭亡

缄默效应常常发生在人际沟通时，一方往往会迫于另一方的权威，选择缄默或者迎合对方，这样一来也就导致了心口不一，沟通失真。

你听过北风和南风的故事吗？寒冷的冬天，北风与南风打赌，谁先让行人脱下衣服谁就获胜。北风呼啸嘶鸣，恨不得把行人的衣服就地刮下来，行人却越裹越紧；南风徐徐送暖，行人一阵暖意下便自动脱下了衣服。在沟通中也是这样，如果滥用权威，就如凛冽的北风，刮得越猛，对方的对抗性就越强。鲁迅有句名言："不在沉默中爆发，就在沉默中灭亡。"人们之所以选择沉默，并非他们真的认同，只是迫于形势，明哲保身罢了。

以诚感人者，人亦诚而应。当我们以威压人，别人就会报以缄默甚至反抗；当我们平等待人，别人就会报以真心和理解。人际交往的第一原则，就是保持人与人之间的平等交流。温暖平和往往比强制施压更能赢得人心。

093

武器效应

家庭暴力背后的心理学

美国宪法规定，所有没有重罪记录的成年公民都可以持枪。仅 2021 年，全美共有超过 2 万人被枪杀。武器的存在会增强侵犯行为，这种现象就叫"武器效应"。这个理论由美国社会心理学家伯克威茨（L. Berkowitz）在 1978 年提出。伯克威茨做过一组对照实验，安排 2 个被试者在不同的房间，房间桌子上分别放着一把手枪和一只羽毛球拍。实验期间他让人故意激怒被试者，让被试者有机会可以对激怒自己的人实施电击。结果显示，看到手枪的被试者，比羽毛球拍组实施了更多的电击。也就是说，手枪增强了人们侵犯的行为。

暴力事件与环境中存在刺激其产生的"武器"有关。"武器"不一定是枪支、刀具，还有可能是日常生活中常见的语言暴力。研究数据显示，有语言暴力的家庭，近 10% 会升级成家暴。恶语伤人只会引来谗言反身，滥用语言暴力，有可能反遭"语言武器"的伤害。

既是前世缘分修来的一家人，又怎么舍得兵戎相见？

094

俄狄浦斯情结

男孩儿为什么总与母亲更亲？

在孩子成长的某个阶段会对异性父母更亲密，同时对同性父母产生排斥心理，一般来说，男孩会跟母亲更亲，这就是俄狄浦斯情结，又称恋母情结。

弗洛伊德认为人在3—6岁会经历俄狄浦斯期，这个时期就像是孩子与父母的三角恋。在男孩与母亲的二元关系中，父亲突然出现成了孩子的竞争者，孩子因此产生嫉妒、竞争、焦虑等一系列复杂的情绪。如果这个时期父母没有做好引导，就会对孩子未来的人际交往产生不良的影响。

那么怎么让孩子顺利度过这个阶段呢？实际上，孩子在心理上把父母抛弃得越彻底，他的心理就会越健康。所以千万别把和孩子的关系凌驾于夫妻关系之上，要让孩子知道他只是你们夫妻关系中的参与者，要引导他对同性父母的认同，既接受他的挑战，也认同他、爱护他。

095

鲇鱼效应

有压力，才有动力

据说，挪威人爱吃鲜活的沙丁鱼，但沙丁鱼运送难度大，常在中途窒息而死。后来有人在装沙丁鱼的鱼槽中放进了一条鲇鱼，原本死气沉沉的沙丁鱼为了保命而加速游动，反而解决了缺氧的问题，大大提升了沙丁鱼的存活率。这就是著名的"鲇鱼效应"。一条鲇鱼竟然救活了一槽的沙丁鱼！

　　大多数的我们和沙丁鱼一样有着与生俱来的惰性，长期栖身在自己熟悉安逸的环境里，渐渐故步自封，沦为废人。也许，我们应该尝试给自己一些压力，勇敢走出舒适圈去面对"鲇鱼"的竞争，用竞争对手来锻造更好的自己，用有压力的环境创造出更有动力的人生。

096

投射效应

你认识的世界实际上

是你投射的世界

社会学家罗斯（E. A. Ross）做过一个实验，他询问 80 名大学生是否愿意背着一块大牌子在校园里走动。结果 48 名同意了，剩下的拒绝了。再次调研时，那些同意背牌子的大学生认为大多数学生都会同意，而拒绝的学生也普遍认为大多数人都会拒绝。这就是投射效应，在人际认知过程中，人们常常假设他人与自己有相同的属性、爱好、情感、倾向等，认为别人理所当然地知道自己心中的想法。

简单来说，投射效应就是以己度人。一个心地善良的人会认为别人都是善良的，一个精于算计的人也会认为别人都在算计他。这是一种把自己的情感、意志、特性强加于人的认知障碍，情感投射中的人往往看不到事实的真相。

每个人的经历、性格不同，不要固执地用自己的标准评价对方，无论是亲子关系还是恋爱关系，我们都要尊重对方的边界，给他选择的自主权。

097

惊喜效应

轻松俘获人心的秘密

如果你忙到忘记了自己的生日，这时候却意外收到一份朋友送来的生日礼物，你是不是会惊喜万分，难以忘怀，甚至视其为知心挚友？这就是惊喜的力量。惊喜会让人与人之间建立起一种心理契约，忠诚于这段关系，从而更好地维系感情。这就是为什么恋爱中的男女总是绞尽脑汁为伴侣制造惊喜。

美国心理学家赫茨伯格（Herzberg）提出过双因素理论，他认为影响人们行为的因素主要有两类：保健因素和激励因素。达到期望就实现了保健因素，超越期望则会产生激励效果，从而让人产生积极的生产力，更加努力地投入到当前的感情或事情中。一个超越期望的惊喜，哪怕再渺小，也会让人从心底认定这段关系，甚至终生难忘。如果你能利用"惊喜效应"，往往不需要兴师动众，仅凭点滴小事，就能轻松俘获人心。

098

金鱼缸法则

透明让管理更简单

众所周知，金鱼缸是玻璃做的，因为透明度高，你从任何一个角度都能观察到鱼缸里金鱼的情况，一旦金鱼出现问题你也能及时处理。透明让管理更简单。这就是金鱼缸法则，也叫透明效应。

组织管理上，如果能做到各项制度透明，人人可监督，那么所有的问题都会被立刻曝晒在阳光下，组织也就能健康发展，行稳致远。个人方面，如果能做到透明化管理，比如跑步时每天分享自己的跑步路线，学习时每天总结自己的学习成果，那么我们也会变得越来越自律，越来越优秀。

然而金鱼缸法则并非适用一切。在爱情中，神秘的人或事才更具有吸引力。如果你将自己毫无保留地呈现在对方面前，无所忌惮地暴露自己的缺点，只会让对方索然无味，甚至产生反感。

099

霍桑效应

越看见，越优秀

如果朋友给你拍照，你会是什么反应？如果你调整好姿势，力求拍下自己最美的一面，这就是霍桑效应。人们一旦意识到自己正在被关注，就会倾向于改变自己的行为，做出不同的行动。

霍桑效应起源于 1924 年至 1933 年间针对霍桑工厂的一系列实验。这家工厂设施完善，待遇优厚，但工人们却消极怠工，生产状况很不理想。心理学专家找了个别工人谈话后，生产效率居然大幅提升。这是因为被谈话的工人，他们意识到自己是被实验关注的对象，于是他们迎合了专家，提升了自己的工作效率。也就是说，关注能造就人，一个人越被别人看见，也许就会变得越优秀。

每个人都希望"被看见"，每个人都希望被看见的是"最好的自己"。大胆一些，去接受外界的关注，也许这会成为你追求卓越的契机。

100

曝光效应

多刷存在感,

真的能让人喜欢你

为什么逛街遇上熟人总能让你感觉愉快？为什么网购收藏的商品再一次出现在网页上，你会产生购买的冲动？为什么明星总是在意在观众面前的曝光度？

心理学家扎荣茨（R.B.Zajonc）做过一个实验：让几个女生在大学课堂上分别出现5次、10次、15次，但从来不和教室里的学生交谈，只是坐在那里。期末时让学生看这些女生的照片，结果显示，出现次数越多的女生，对学生更有吸引力。这就是曝光效应，人们总是会对那些经常暴露在眼前的人或事生出好感，随着熟悉程度的加深，好感也会进一步加深。然而如果第一次见面就没给人家留下好印象，多次曝光只会适得其反！

所以如果你想让别人喜欢你，在保证第一印象良好的情况下，尽可能多刷存在感吧，也许不经意间会有新的机遇出现！